# 貓奴的
# 手作入門課

西イズミ／著
五十嵐健太／攝影
許倩珮／譯

# 目次

有什麼喵？

名牌 p16

竹籐睡窩 p28

被子&枕頭 p30

暖暖窩 p31

沙發 p40

前抱式背袋 p42

滾滾球 p56

踢踢抱枕 p59

紙盒玩具 p60

## Chapter.4　飲食及儀容

### 餐桌　p64

### 點心球　p66

### 貓抓板　p68

## Chapter.5　移動及照料

### 貓咪外出包　p72

### 伊莉莎白項圈　p74

## How to Make　作法　p77

**關於成品尺寸**
書本刊載的樣本作品都標有尺寸以供參考，但實際製作時請盡量配合家中貓咪，製作出尺寸適合的成品。

**關於材料**
縫份、黏合處以及需要做得寬鬆一點的部分會以較大的尺寸來標示，其餘的則是以實際尺寸標示。材料並沒有嚴格的規定。請以容易取得、方便製作、貓咪的舒適度為優先考量來選擇材質及尺寸。

協助拍攝的店家

在本書中作為模特兒登場的
全都是在保護貓咖啡廳尋找家人的貓咪們。(也有部分貓咪是有飼主的。)

---

### 保護貓咖啡廳 ねこかつ (nekokatsu)

【地址】川越市新富町1-17-6　3F
【營業時間】12點～20點
【公休日】週一（如遇國定假日則正常營業）
【交通】從西武新宿線「本川越站」步行約2分鐘
　　　　從JR「川越站」步行約10分鐘
　　　　位於Crea Mall商店街內，
　　　　1樓是居酒屋「笑笑」。
【HP】http://cafe-nekokatsu.com/

---

### Café Blanc

【地址】神奈川縣橫浜市青葉區荏田町1150-40
　　　　白亞館2樓
【營業時間】11點～20點（L.O.19點）
【公休日】週一、週四
【交通】從東急田園都市線「江田站」步行12分鐘
　　　　從橫濱市營地下鐵「中央南站」轉搭巴士至
　　　　「富士塚」或「荏田高校」站，步行3分鐘
【HP】http://www.neko-cafe.info/

---

※兩店都是公休日遇國定假日時正常營業，翌日休業。
※由於偶爾會有臨時休業的情況，出發前請先至官方網站等確認。

Chapter.1

# 穿戴配件

# 項圈

市售項圈不是找不到喜歡的，就是尺寸不合、不夠可愛……

這樣的困擾，就交給手作項圈來解決吧。

作法非常簡單，不妨多做幾個，

以便找出最適合「我家愛貓」的項圈！

## 手帕項圈

 作法 12p

## 髮圈式項圈

 作法 78p

## 緞帶項圈

 作法 79p

## 鬆緊帶項圈

 作法 80p

杯墊項圈  作法 14p

怎樣喵～

# 手帕項圈的作法

成品尺寸
貓的脖圍＋2cm

（**材料**） 50×50cm左右的手帕（方巾）、
扁型鬆緊帶

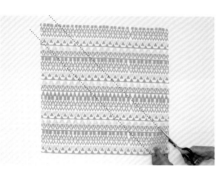

## 1

把手帕攤開，
在對角線上剪出
約5cm的寬度。

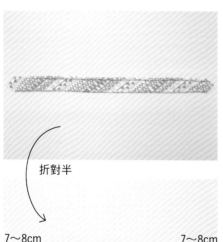

折對半

7～8cm　　　　　7～8cm

## 2

兩邊各折起約5mm，
用熨斗燙平固定。

## 3

兩端各留7～8cm，
縫合起來。

**4**

穿入鬆緊帶。

**5**

調整好鬆緊帶的長度
之後打結固定。

**6**

把手帕的兩端打結
藏起鬆緊帶的結扣，
再調整一下形狀
就完成了。

# 杯墊項圈的作法

( 成品尺寸 )
**貓的脖圍＋2cm**

---

**（ 材料 ）** 碎布2片（10cm左右的正方形）
或市售的布製杯墊、市售的項圈

圖片 **10p**

## 1

把2片碎布的
四角剪掉。

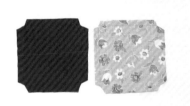

## 2

把縫份折到
背面。

## 3

把2片縫合起來，
做成杯墊。

正面

背面

把杯墊沿著
對角線對折
（稍微錯開也滿可愛的），
夾入項圈
縫合固定。

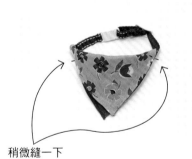

把另一側也縫合固定
就完成了。

稍微縫一下

只要有碎布和接著劑，不用縫也能完成

| 布 ① | 布 ② |
|---|---|

花色相同也OK

縫份
周圍折起5mm左右

布用接著劑

乾燥之後
用熨斗燙平

**15**

# 名牌

家中貓咪一不小心走失時的「護身符」。

要盡量選用輕盈的材質

以減輕貓咪的負擔。

## 名牌A  作法 81-82p

## 名牌B

 作法 83p

## 名牌C

 作法 84p

Chapter.2

睡覺

# 喵咪紙箱屋

每隻貓都愛鑽紙箱。貓咪是很開心啦，
但紙箱看起來實在是有點醜……。
這個時候，不妨用點巧思，
把紙箱變成可愛的喵咪紙箱屋。

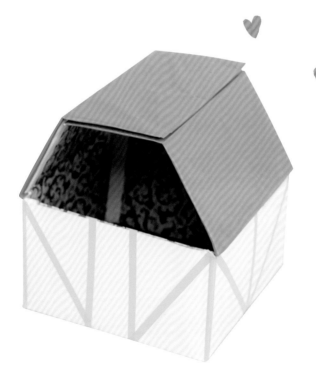

## 喵咪紙箱屋

 作法 86p

# 布睡窩

如名稱所示，對於一整天大多都在睡覺的貓咪們，

最好的禮物就是蓬鬆柔軟的手作睡窩了。

可用市售的現成坐墊組合，仿照蜷縮成團的睡姿來製作……

全都是三兩下就能完成的簡單作品。

## 布睡窩 A

作法 24p

# 布睡窩Ａ的作法

〔成品尺寸〕
38cm見方×高19cm

（材料） 38cm見方的坐墊5個
（邊框用4個，底部用1個）

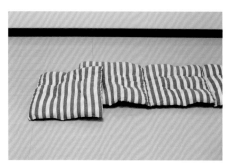

**1**

4個坐墊排列好，
以花樣朝向內側的
方式依序縫合。

**2**

縫合成四方形
之後對半反折，
將內側的花色
翻到外側。

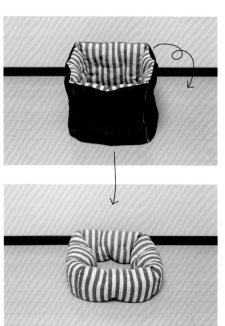

## 3

把2放在
底部用的坐墊上,
在幾個位置
縫合固定。

只縫4個角也0k

底部用

## 4

完成。

## 布睡窩 B

 作法 **87p**

剛剛好

布睡窩C

 作法 88p

# 竹籐睡窩

尤其在炎熱季節，最受貓咪喜愛的竹籐睡窩。
只需把市售的商品加以組合，
就能幫貓咪做出舒適的床鋪。

## 竹籐睡窩 A

作法 89p

## 杯子蛋糕
## 睡窩

作法 90p

## 竹籐睡窩 B

作法 89p

没事的喵

# 被子&枕頭

不管是座墊或靠墊，

只要像棉被一樣加上套子就能讓可愛度倍增。

把頭靠在枕頭上時，就像是人睡在被子上一樣呢！

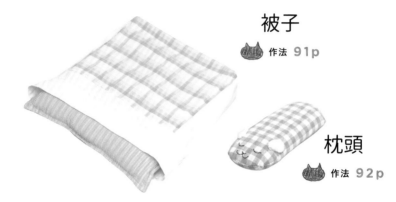

### 被子
作法 **91p**

### 枕頭
作法 **92p**

睏…

# 暖暖窩

只要把籃子和毛毯加以組合，
就能做出暖呼呼的貓用暖暖窩。
寒冷季節的必備睡床。

暖暖窩

作法 93p

# 帳篷

鋪著五角形的墊子用布覆蓋起來的帳篷，

簡直就像是在召喚貓咪一樣。

可以夾著布料玩耍，

同時也是獨處放鬆的最佳場所。

## 帳篷A

 作法 **34p**

# 帳篷 A 的作法

成品尺寸
54×58×高75cm

（ **材料** ）　長約80cm的木棍5根、
　　　　　　組合式地墊57cm × 33cm 2片、
　　　　　　橡皮筋5條、繩子、浴巾、人造花等

圖片 **32p**

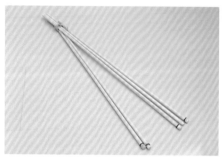

## 1

把5根木棍用繩子
捆成一束，
在另一頭分別
綁上橡皮筋。

## 2

裁切地墊，
把2片拼接成五角形
用膠帶黏合。
在每個角上
打洞。

裁切前　　　　　裁切後

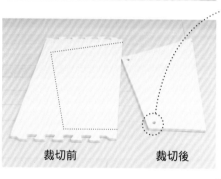

## 3

把棍子的末端
插進洞裡
組成骨架。
（綁上橡皮筋
可防止鬆脫。）

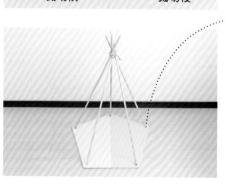

**4**

在浴巾的中央
縫上用繩子做成
的套環。

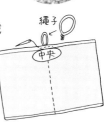

**5**

把浴巾的套環套在
立起來的棍子上。

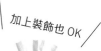

加上裝飾也 OK

**6**

把浴巾的形狀
整理一下就完成了。

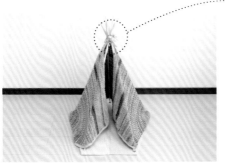

帳篷B  作法 94p

帳篷C 作法 95p

# 貓吊床

貓咪最愛的吊床，
只要用組合架就能簡單完成。
移動起來也很輕便，
請放置在貓咪最能放鬆的場所。

## 貓吊床

作法 96p

# 沙發

「讓貓咪變廢柴的沙發」大集合。

出乎意料的舒適感，搞不好會引發貓與人的爭奪戰……

## 方形沙發

作法 98p

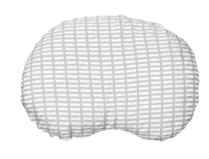

## 豆豆沙發

作法 99p

## 甜甜圈沙發

作法 100p

# 前抱式背袋

我家的貓咪最愛抱抱♪

雖然幸福，但動彈不得也很辛苦……這樣的飼主有福了！

被包住的感覺加上飼主的溫暖，肯定讓貓咪超滿足。

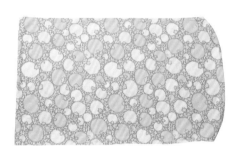

## 背巾

🐱 **作法** 44p

## 背袋

🐱 **作法** 101p

# 背巾的作法

成品尺寸
44×83cm
適用於5kg上下的成貓

（**材料**） 棉布（有張力但無伸縮性的布料，
例如被單布、棉帆布等）
47×170cm

圖片 42p

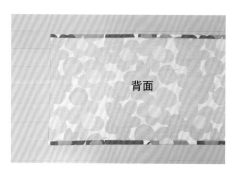

背面

**1**

把布翻到背面，
在長邊做三折
車縫處理。

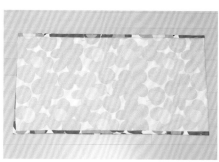

**2**

先橫向對折。

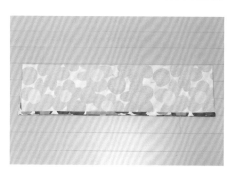

然後再縱向對折。

**4**

縱向對折之後，
在布上畫上弧線，
沿線剪裁。

**5**

把布縱向攤開，
將弧線部分縫合。

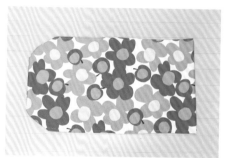

**6**

翻回正面就完成了。

Chapter.3

玩耍

# 貓跳台

把瓦楞紙箱隨意地組合，再加上球、木板、麻繩……
不僅出奇穩固，貓咪也能玩得很開心。
趕快捲起袖子打造一座貓跳台吧！

## 紙箱貓跳台

 作法 103p

超興奮喵♪

# 柱式貓跳台

🐱 作法 104p

店長在此

# 喵巴士

親手做一輛巴士送給最愛紙箱的貓咪。
不只貓咪興奮，連看著貓咪的自己都會
不由得升起一股暖意的喵巴士。

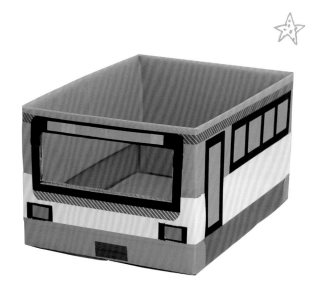

左　　　　　右

## 喵巴士

作法 **106p**

# 逗貓棒

特意買回來的逗貓棒，

也難免會在過度興奮的情況下被瞬間破壞。

這個時候，不妨把斷頭的棒子和手作的替換頭連接。

可多方嘗試，找出家中貓咪的最愛。

## 逗貓棒A

## 逗貓棒B

作法 107p

作法 108p

## 逗貓棒C

## 逗貓棒D

作法 109p

作法 110p

# 滾滾球

貓咪最喜歡會滾動的玩具了。

麻繩、毛線、棉紗手套等……

利用隨手可得的材料就能立刻完成。

## 滾滾球A

作法 111p

## 滾滾球B

作法 111p

## 滾滾球C

作法 112p

# 滾滾球 D

 作法 113p

別跑別跑一

# 踢踢抱枕

可以抱在懷裡，可以踢它踹它，可以當成枕頭……
貓咪超愛的踢踢抱枕自己也能輕鬆完成。

## 踢踢抱枕

 作法 **114 p**

# 紙盒玩具

開了洞像乳酪一樣的紙盒裡面有球在滾呀滾……

「什麼喵？這是什麼喵？」

保證每隻貓都會忍不住把手探入。

## 紙盒玩具

 作法 115p

鑽入

鑽出

Chapter.4

# 飲食及儀容

# 餐桌

為了方便貓咪進食，

來做張高度適中的餐桌吧。

用均一價商店買來的各種材料，一下子就能完成！

## 餐桌

 作法 116p

# 點心球

總是同樣的點心或脆餅
很容易讓貓咪覺得老套乏味。
一滾動就會掉出點心的玩具
保證讓家中愛貓著迷不已。

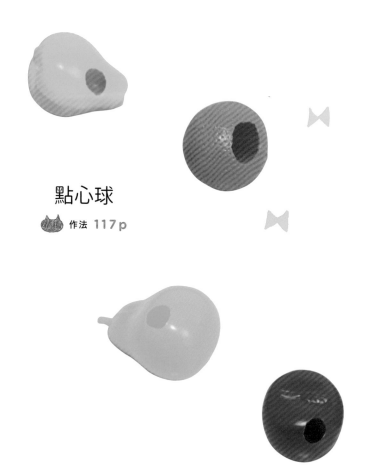

## 點心球

🐱 作法 **117p**

# 貓抓板

利用舊的貓抓板和布踏墊等製作新的貓抓板！

和平時不同的形狀與觸感，

肯定能讓貓咪們興致勃勃地抓得欲罷不能。

## 貓抓板 A

 作法 118p

## 貓抓板 B

 作法 119p

## 貓抓板 C

 作法 120p

Chapter.5

# 移動及照料

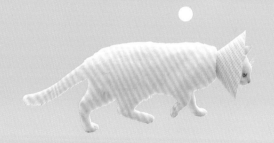

# 貓咪外出包

對於討厭被背著的貓咪，

需要短暫外出時不妨使用這種肩背式包包。

可感受到飼主的體溫，貓咪也會更加安心。

## 貓咪外出包

 作法 **121p**

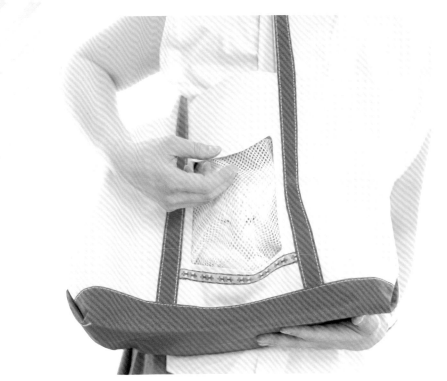

出乎意料地放鬆…

# 伊莉莎白項圈

正因為是生病或受傷時，為了幫助傷口復原而不得不使用的東西，

所以更要以減少負擔為考量。

（視貓咪的症狀而定，請先和醫生討論過材質及用法後，再謹慎實行。）

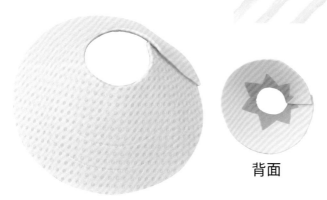

背面

## 伊莉莎白項圈A

 作法 122p

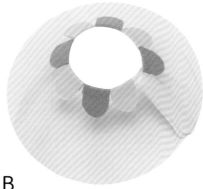

## 伊莉莎白項圈B

 作法 123p

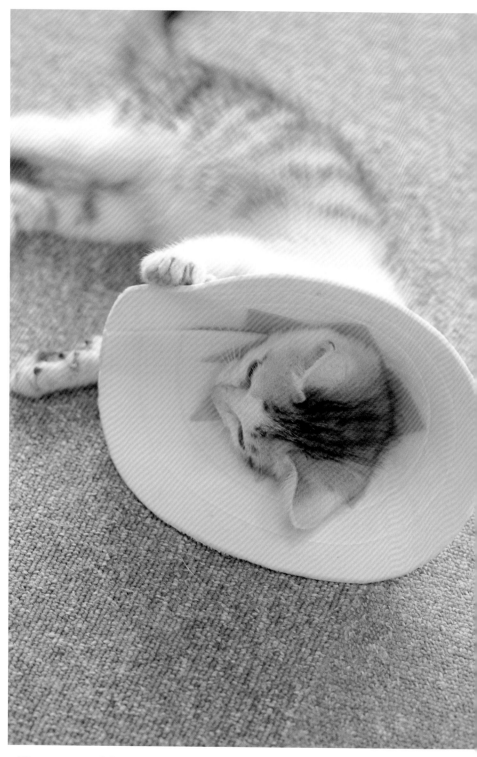

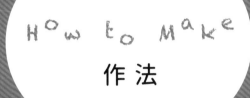

How to make
作法

**關於成品尺寸**
書本刊載的樣本作品都標有尺寸以供參考，但實際製作時請盡量配合家中貓咪，製作出尺寸適合的成品。

**關於材料**
縫份、黏合處以及需要做得寬鬆一點的部分會以較大的尺寸來標示，其餘的則是以實際尺寸標示。材料並沒有嚴格的規定。請以容易取得、方便製作、貓咪的舒適度為優先考量來選擇材質及尺寸。

# 髮圈式項圈的作法

成品尺寸
貓的脖圍＋2cm

※p78~80 的項圈，請一定要實際測量出貓咪的脖圍，
並以加上鬆份及縫份之後的數值來製作。

圖片 8p

（ 材料 ） 布8×40cm、扁型鬆緊帶（寬0.8cm）

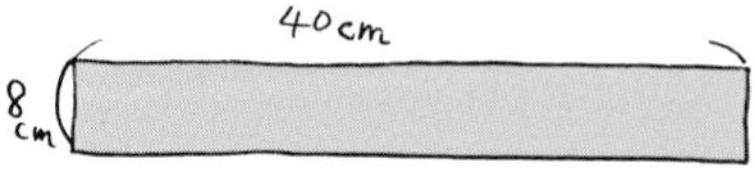

40cm
8cm

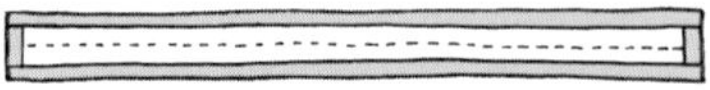

**1** 把布裁剪成
8×40cm。

**2** 上下左右
各反折1cm左右，
再從中間對折。

**3** 用縫紉機
沿邊車縫起來。

**4** 穿入鬆緊帶打結，
把兩端以藏針縫縫合
就完成了。

# 緞帶項圈的作法

成品尺寸
貓的脖圍＋2cm

（材料） 斜布條（寬1.1cm）、
　　　　單圈（1cm）1個、
　　　　魔鬼氈（熨燙接著用）

圖片 8p

寬11mm的斜布條

貓咪的脖圍＋8cm

0.5cm

0.5cm

**1** 依照愛貓的尺寸
（脖圍＋8cm）
裁剪斜布條。

**2** 把長邊的開口部分
縫合之後，
兩端反折0.5cm，
用接著劑黏住。

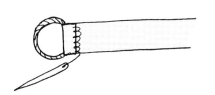

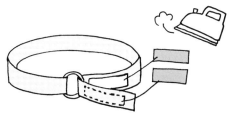

**3** 把一端穿過單圈，
縫合固定。

**4** 把另一端也穿過單圈，
用熨斗將魔鬼氈黏合
固定就完成了。

可縫上鈕釦等裝飾！

# 鬆緊帶項圈的作法

成品尺寸
貓的脖圍＋2cm

（材料）　彩色的扁型鬆緊帶（寬1.1cm）、
絨球或扣環等

**圖片 8p**

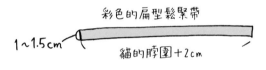

彩色的扁型鬆緊帶

1～1.5cm

貓的脖圍＋2cm

**1** 依照愛貓的尺寸
（脖圍＋2cm）
裁剪鬆緊帶。

**2** 接成圈狀
縫合固定。

**3** 以絨球或扣環裝飾
就完成了。

# 名牌A (布・圓形) 的作法

成品尺寸
直徑3cm

（ 材料 ） 碎布5×5cm 2片、厚紙板5×5cm、
棉花、熨燙式標籤、單圈（0.5cm）| 個

圖片 16p

紙型 124p

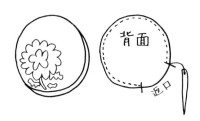

**1** 以最能突顯花樣或色彩的方式把碎布裁剪成圓形，留下返口、正面對正面縫合起來。

**2** 翻回正面，黏貼上寫有連絡方式的標籤。

**3** 放入厚紙板，把作為背面的那面撐平，塞入棉花之後將返口以藏針縫縫合。

**4** 縫上單圈之後就完成了。

# 名牌A（布·領結形）的作法

成品尺寸
3×5cm

（材料） 碎布5×7cm 2片、棉花、
熨燙式標籤、單圈（0.5cm）I個

圖片 **16p**

紙型 **124p**

**1** 把布裁剪好，
留下返口、正面對正面
縫合起來。

**2** 翻回正面，黏貼上
熨燙式標籤。

**3** 塞入棉花之後，
以藏針縫將返口
縫合，調整形狀。

**4** 用繡線
在中央纏繞打結，
裝上單圈就完成了。

# 名牌 B（不織布）的作法

成品尺寸
3.5×5cm

（ 材料 ） 厚型不織布3×2cm、皮革碎料2×3.5cm、
合成皮碎料3×2cm、熨燙式標籤、
單圈（0.5cm）|個

圖片 16p

紙型 124p

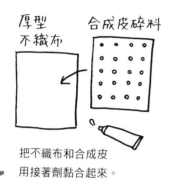

**1** 把不織布和合成皮
用接著劑黏合起來。

**2** 在不織布那一面
黏貼上熨燙式標籤。

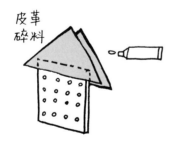

**3** 用2片三角形皮革
從合成皮・不織布的
上方5mm處夾起黏合，
做成房子的造型。

**4** 用打洞器等打洞
（有的話釘上雞眼扣），
裝上單圈就完成了。

# 名牌C（塑膠片）的作法

成品尺寸
1.8×3.5cm

（材料） 塑膠片10×15cm、打洞器、
單圈（0.8cm）2個、蠟筆‧色鉛筆等

圖片 16p

紙型 124p

剪成成品的4倍大

**1** 塑膠片用剪刀剪成喜歡的形狀。※由於烘烤後會縮小，所以要剪成成品的4倍大。

**2** 用打洞器打洞，以便安裝單圈。

麥克筆　蠟筆

色鉛筆

背面

**3** 用蠟筆等在背面上色。

NINA
012-3456-7890

正面

**4** 用油性麥克筆在正面寫上連絡方式。

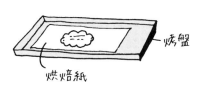

＼160℃　1分鐘／

烤盤

烘焙紙

**5** 把塑膠片放在烘焙紙上，
利用烤麵包機或烤箱的餘熱來烘烤。
※請參照包裝上標示的溫度和時間操作。
※本作品是以160℃烘烤1分鐘。

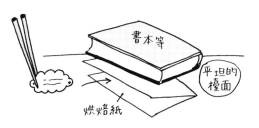

書本等

平坦的
檯面

烘焙紙

NINA
012 - 3456 - 7890

**6** 用筷子挾起塑膠片，
放入事先準備好的
對折烘焙紙中夾住，
壓上重石使其冷卻。

**7** 裝上單圈之後
就完成了。

# 喵咪紙箱屋的作法

（材料） 瓦楞紙箱37×37×高40cm左右、喜愛的有色畫紙・
布・餐巾紙・紙膠帶等

圖片 20p

**1** 把近身側和遠側的
蓋子部分切掉。

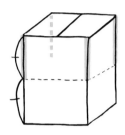

**2** 把四個角全都
切成一半的高度。

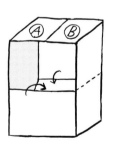

**3** 把近身側和遠側的
兩個面往內側折入到
一半的高度（虛線位置）。

貼上喜歡顏色的
紙或布

有色畫紙

布

在內側貼上餐巾紙
的話會更美觀

**4** 貼上有色畫紙等之後，把A
和B重疊黏合，當作屋頂。
把牆壁部分也用紙膠帶或
紙、布加以裝飾就完成了。

# 布睡窩B的作法

成品尺寸
直徑33cm

（ 材料 ） 布 50×50cm 左右、棉花

圖片 26p

直徑 ×3.14＝ Ⓑ
Ⓐ

**1** 製作一個約等於
愛貓縮成一團的尺寸
的底部用圓形坐墊，
測量直徑（A）
（A×3.14＝B）。

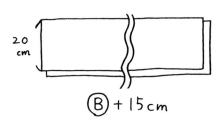

Ⓑ +15cm

**2** 依照側邊的尺寸，把布裁成
長 20cm×寬（B+15）cm，
留下返口，正面對正面縫合
起來。

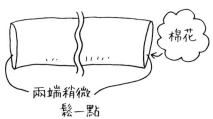

棉花

兩端稍微
鬆一點

**3** 從側邊塞入棉花。為了方便
調整長度，兩端不可塞得太
滿。

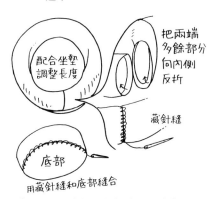

配合坐墊
調整長度

把兩端
多餘部分
向內側
反折

藏針縫

底部

用藏針縫和底部縫合

**4** 配合底部用坐墊的周長決定
好側邊的長度之後，把兩端
縫合。接著縫合側邊和底部
用坐墊就完成了。

# 布睡窩C的作法

成品尺寸
45×43×高12cm

（材料）　方形坐墊40×40cm、
　　　　　厚浴巾1條、扁型鬆緊帶5條、
　　　　　鈕釦5個、緞帶或流蘇等

圖片 27p

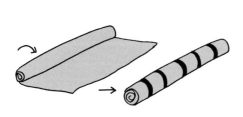

**1** 把浴巾捲成筒狀，
在5個位置以同色
的扁型鬆緊帶固定。

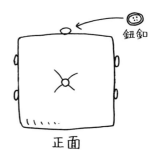

鈕釦

正面

**2** 在坐墊的5個位置
縫上鈕釦。

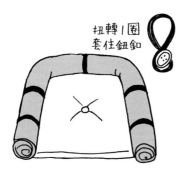

扭轉1圈
套住鈕釦

**3** 把浴巾上的鬆緊帶
套住鈕釦加以固定。

**4** 在兩端繫上蝴蝶結，
以流蘇等裝飾
就完成了。

# 竹籐睡窩 A 的作法

成品尺寸
44×28×高32cm

（ 材 料 ） 附提把的籃子44×28×高32cm、
布（毛巾等）、大型（50×50cm左右）的
手帕等、曬衣夾

**圖片 28p**

毛巾或布等

大型的
手帕或
方巾

以折入
提把內側
的方式
纏繞

用曬衣夾
固定

**1** 在附提把的籃子裡
鋪上舊布。

**2** 用大型的手帕包住提把，用
曬衣夾固定之後就完成了。


# 竹籐睡窩 B 的作法

成品尺寸
直徑44×高29cm

（ 材 料 ） 大一點的竹籃（直徑44cm）、
園藝用花盆架

**圖片 28p**

**1** 把竹籃放在花盆架上
就完成了。

# 杯子蛋糕睡窩的作法

成品尺寸
直徑40×高30cm

（材料）　洗衣籃（直徑40×高30cm）、
　　　　　布（大墊子用41×41cm，小墊子用20×20cm）、
　　　　　棉花、舊布（毛巾等）、緞帶或蕾絲等

圖片 **28p**

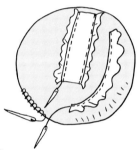

**1**　做一個和籃子底部大小
　　　差不多的圓形墊子。
　　　（使用市售的坐墊也
　　　OK。）

**2**　在墊子上面縫上
　　　緞帶或蕾絲等
　　　加以裝飾。

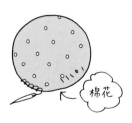

**3**　用別的布
　　　做一個小墊子
　　　當作枕頭。

**4**　依照舊布→大墊子→
　　　小墊子的順序放進籃子裡
　　　就完成了。

## 被子&枕頭
# 被子的作法

成品尺寸
50×40cm

（**材料**）市售的坐墊42×42cm、
布100×110cm、花布38×30cm、蕾絲50cm

**圖片 30p**

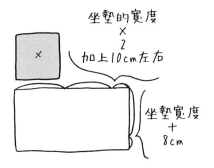

坐墊的寬度
×
2
加上10cm左右

坐墊寬度
+
8cm

**1** 裁剪被套，把布裁成長（坐墊寬度＋8cm）×寬（坐墊寬度×2＋10cm）的大小。

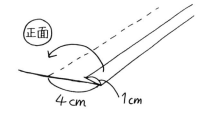

正面

4cm　1cm

**2** 折起1cm，再折起4cm，用熨斗燙過之後，沿著布邊車縫固定。

反面

**3** 正面對正面疊好，將2邊縫合，翻回正面。

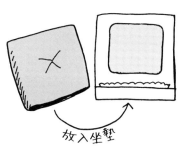

放入坐墊

**4** 在上方的那一面縫上花布或蕾絲加以裝飾，再放入坐墊就完成了。

## 被子&枕頭
# 枕頭的作法

成品尺寸
12×28cm

（ 材料 ） 布14×30cm、抱枕填充顆粒、棉紗手套

**圖片 30p**

**紙型 125p**

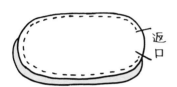

返口

填充顆粒

**1** 把布裁剪成橢圓形，
留下返口，正面對正面
沿邊縫合。

**2** 翻回正面，塞入填充顆粒
（以不會太過飽滿、能產生
凹陷感為重點），將返口
縫合。

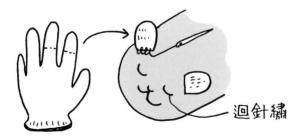

迴針繡

**3** 剪下棉紗手套的指尖當作耳朵縫上去，
再繡上臉部五官（以布用色筆畫上去也OK）就完成了。

# 暖暖窩的作法

成品尺寸
深35×44×高33cm

（ **材料** ） 深籃（33×44×高26cm）、
淺籃（35×35×高12cm）、
雙面刷毛毯2條、毛絨布料等

圖片 **31p**

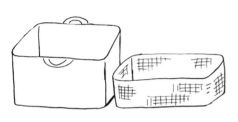

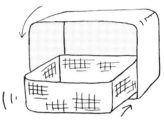

**1** 準備2個深淺
不同的籃子。

**2** 把深籃放倒，
再將淺籃像抽屜一樣
放進深籃裡。

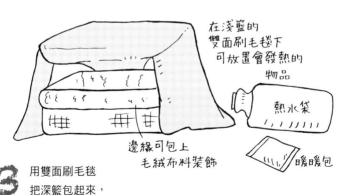

在淺藍的
雙面刷毛毯下
可放置會發熱的
物品

熱水袋

暖暖包

邊緣可包上
毛絨布料裝飾

**3** 用雙面刷毛毯
把深籃包起來，
在淺籃裡也鋪上雙面刷毛毯就完成了。

# 帳篷 B 的作法

成品尺寸
50×37×高32cm

（**材料**）塑膠網片37×48cm 3片、
束線帶6條、廚房踏墊34×50cm、
布78×50cm

圖片 **36p**

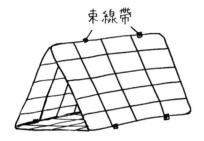

束線帶

**1** 把3片的塑膠網片組合成
三角形，用束線帶加以
固定（每邊2處）。

**2** 在底部鋪上廚房踏墊。

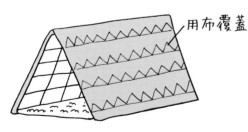

用布覆蓋

**3** 用布覆蓋起來就完成了。

# 帳篷 C 的作法

成品尺寸
43×43×高26cm

（ **材料** ）　食物罩43×43×高26cm、
斜布條（寬1.1cm）60cm左右

圖片 **37p**

**1** 把食物罩打開，用剪刀剪出
一個愛貓能夠進出的開口。

**2** 在開口周圍塗上布用接著
劑，貼上斜布條做好防鬚處
理後，待乾燥就完成了。

# 貓吊床的作法

成品尺寸
45cm見方×高35cm

（**材料**）　長管（直徑3cm）45cm×4支、
　　　　　短管（直徑3cm）30cm×4支、管帽4個、
　　　　　接頭4個、厚布65×55cm 2片、
　　　　　防水布膠帶（寬3cm）90cm×2條、D型環（3.5cm）4個、繩子

圖片 38p

短管
接頭
長管
管帽

**1** 把易力管的零件
準備好。

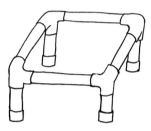

**2** 把零件如上圖所示
組合起來。

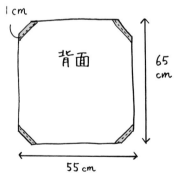

1cm

背面

65
cm

55 cm

**3** 把2片厚布依照插圖
的尺寸裁剪，四個角各
反折1cm縫合起來。

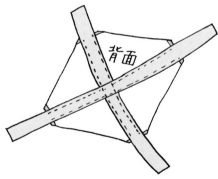

背面

**4** 把布條交叉地縫合在
其中1片布上。（兩端
要多留5～6cm。）

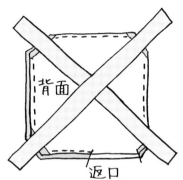

背面

返口

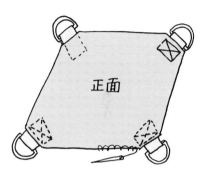

正面

**5** 正面對正面相疊，
留下返口，
將虛線部分縫合。

**6** 翻回正面，把布條穿過
D型環折入內側，再將
四個角縫合固定。

**7** 把繩子穿過D型環，
在管子上綁緊固定
就完成了。

# 方形沙發的作法

**成品尺寸**
38×45×高15cm

（**材料**） 布120×130cm、管材（中空管枕的填充物也OK）

**圖片 40p**

**1** 裁剪2片長57cm×寬62cm的布。

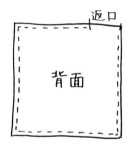

背面

返口

**2** 留下返口，正面對正面4邊車縫起來。

正面

A　　　B

**3** 翻回正面，倒入管材之後將返口縫合。

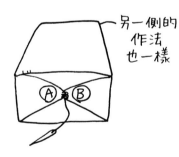

另一側的作法也一樣

(A)　(B)

**4** 抓出A和B的角，在中間縫合（另一側的作法也一樣）就完成了。

# 豆豆沙發的作法

成品尺寸
50×70×高7cm

（材料）綠色的布60×80cm、管材

**圖片 41p**

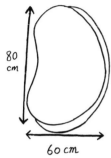

80 cm

60 cm

**1** 把綠色的布裁剪成豆子的形狀，裁剪2片。

返口

背面

**2** 返口留大一點，正面對正面縫合起來。

枕頭的填充物

正面

量杯等

**3** 翻回正面，倒入管材。

**4** 把返口縫合就完成了。

# 甜甜圈沙發的作法

（材料） 市售的甜甜圈坐墊（直徑40cm）、
咖啡色的雙面刷毛布、魔鬼氈

圖片 40p

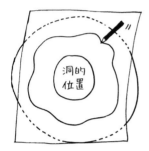

洞的
位置

背面　返口

**1** 把甜甜圈坐墊放在紙上（有
的話就用描圖紙），畫出洞
的位置和巧克力的花樣，製
作紙型。

**2** 依照紙型裁好2片咖啡色雙
面刷毛布，留下返口縫合起
來。

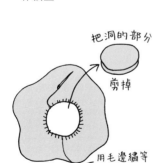

把洞的部分
剪掉

用毛邊繡等
加以縫合

分別縫上
魔鬼氈

**3** 翻回正面，將返口縫合。剪
掉洞的部分後，在2個洞的
周圍做毛邊繡將2片布縫合
起來。

**4** 在甜甜圈坐墊和雙面刷毛布
上縫上魔鬼氈就完成了。

# 背袋的作法

〔成品尺寸〕
36×50cm
※不含提把

（**材料**） 布105×76cm、環圈（直徑5cm）2個、
背繩用布36×57cm

圖片 **42p**

紙型 **126p**

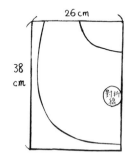

26 cm

38 cm

對地線

**1** 把布依上圖裁成2片。

背面

**2** 反折1cm的縫份，沿著布邊
車縫。

背面

**3** 正面對正面縫合底部，在縫
份處車上鋸齒花樣後，翻回
正面。

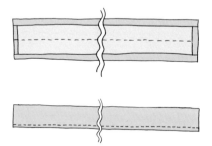

**4** （長繩）把9cm×57cm的布
上下反折1cm再對折起來，
沿邊車縫。要製作2條。
（短繩）9cm×45cm的布也
以同樣方法製作2條。

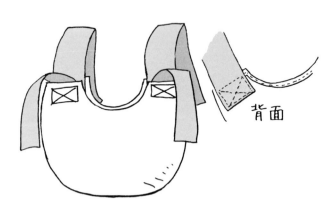

 把短繩縫在靠近自己的一側，
把長繩縫在後方側。

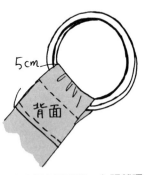

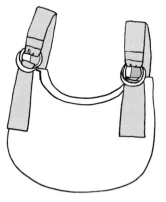

 將長繩穿過環圈，在距離環
圈5cm的位置反折1cm車縫
固定，在距離環圈1.5cm的
位置也車縫固定。

**7** 將短繩穿過環圈，讓長度能
夠調節就完成了。

# 紙箱貓跳台

成品尺寸
70×43×高92cm

（ **材料** ） 大小不一的瓦楞紙箱4～5個、模造紙、
包裝紙、紙膠帶等

圖片 **48p**

失試著
組合起來看看

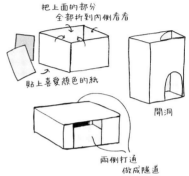

把上面的部分
全部折到內側看看

貼上喜愛顏色的紙

開洞

兩側打通
做成隧道

**1** 收集幾個大大小小的
瓦楞紙箱，排列起來。

**2** 把蓋子折到內側、開洞，或
將兩側打通做成隧道等……
邊設想組合場所，邊進行加
工。貼上喜愛顏色的紙。

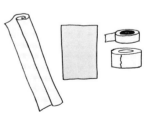

**3** 決定好箱子的位置後，
用接著劑或雙面膠帶
牢牢黏合。

**4** 最後再用包裝紙或紙膠帶等
加以裝飾就完成了。

# 柱式貓跳台的作法

成品尺寸
41×30×高103cm

（**材料**）　葡萄酒箱41×30×高14cm、水電配管用水管（直徑 10cm）100cm、木板（底板用39×28cm 1片、踏階用25×25cm 2片、頂板31×25cm 1片）、L型固定片7個、螺絲42顆、園藝用麻布條（寬11.5cm）10m50cm、木箱30×18×20cm

圖片 **50p**

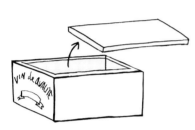

**1** 依照葡萄酒箱的底部尺寸裁切木板。

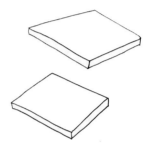

**2** 裁切踏階用木板（可請居家修繕賣場依尺寸代為裁切）。

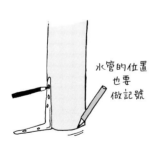

水管的位置也要做記號

**3** 決定L型固定片的位置，在水管和底板上做記號。

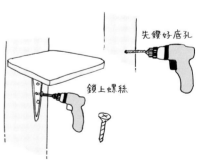

先鑽好底孔

鎖上螺絲

**4** 先在水管和底板的記號位置鑽好底孔，再鎖上螺絲固定。

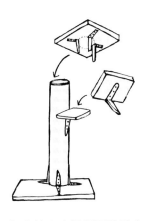

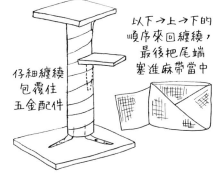

以下→上→下的
順序來回纏繞，
最後把尾端
塞進麻帶當中

仔細纏繞
包覆住
五金配件

把水管和底板穩固裝妥之
後，以同樣的方式繼續安裝
踏階和頂板。

把園藝用麻帶纏繞在水管
上，固定住。

在底部
塗上木工用
接著劑

用螺絲
固定木箱
當作踏階

把底板和葡萄酒箱以木工用
接著劑黏合起來。

把踏階用的木箱
安裝上去就完成了。

# 喵巴士的作法

成品尺寸
32×45×高23cm

（ 材料 ）　瓦楞紙箱32×45×高23cm左右、
　　　　　紙膠帶・有色畫紙等

圖片 52p

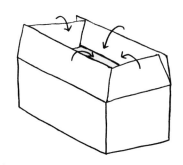

**1** 把上面的蓋子
折到內側。

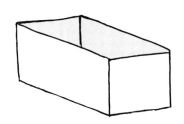

**2** 用雙面膠帶或接著劑
加以固定。

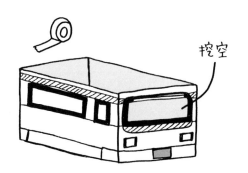

挖空

**3** 把窗戶的部分挖空，用紙膠帶作包邊裝飾。在下半部貼上
有色畫紙或以紙膠帶貼出線條圖案就完成了。

# 逗貓棒A的作法

成品尺寸
5×5.5cm

（材料） 毛根約35cm、鈴鐺等

圖片 54p

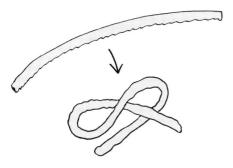

**1** 把毛根彎曲成蝴蝶結
的形狀。

**2** 將中央部分扭轉
2〜3次。

將末端穿過
鈴鐺的洞
扭緊

把末端
折彎

**3** 在一端裝上鈴鐺
就完成了。

# 逗貓棒B的作法

成品尺寸
7cm

（ 材料 ） 繩子（緞帶、尼龍繩、毛線、麻繩等）
330cm左右

圖片 54p

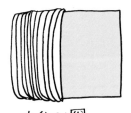

大約20圈

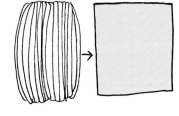

**1** 把繩子纏繞在厚紙板等外側。

**2** 抽掉厚紙板。

用同樣的
繩子
綁住

**3** 用另外剪好的繩子緊緊綁住。

**4** 把下面的部分用剪刀剪齊就完成了。

# 逗貓棒C的作法

成品尺寸
6.5cm

（ 材料 ） 繩子25cm左右、木頭珠子（已打洞）3個　　圖片 54p

結扣

**1** 把繩子穿過木頭珠子，
打結固定。

1cm
左右

**2** 在上面也打個結。

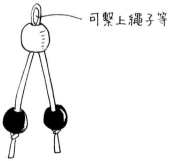

可繫上繩子等

**3** 套上珠子等
藏起上面的結扣
就完成了。

# 逗貓棒 D 的作法

成品尺寸
6cm

（**材料**） 厚紙板（冰棒的棍子也行） l×5cm、彩色膠帶、
長尾夾

圖片 **54p**

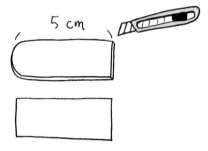

**1** 把厚紙板或冰棒的棍子等裁切成5cm。

**2** 貼上金屬色的膠帶。

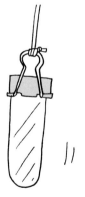

**3** 夾上長尾夾。

**4** 在長尾夾的尾巴部分繫上繩子等就完成了。

# 滾滾球A的作法

成品尺寸
直徑4cm

（ 材料 ） 麻繩、碎布（雙面刷毛布或T恤、
褲襪、絲襪等）

圖片 56p

**1** 把碎布捲成球狀，
用麻繩緊緊地
纏繞起來。

**2** 最後把麻繩拉緊打結
就完成了。

# 滾滾球B的作法

成品尺寸
直徑4.5cm

（ 材料 ） 透明文件夾

圖片 56p

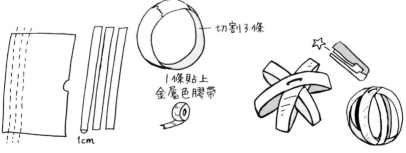

**1** 把透明文件夾切割成
1cm×10cm的長條狀，
共切割3條。

**2** 接成圈狀重疊起來，
將上下用訂書機固定
就完成了。

# 滾滾球C的作法

（ 材料 ） 棉紗手套、不織布（鳥的嘴喙用：黃色6×5cm 2片、
魚的眼睛用：黑色1×1cm）、玩偶眼睛2個、
橡皮筋1條、棉花

圖片 56p

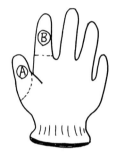

**1** 把棉紗手套的指頭部分剪下來。

**2** （Ⓐ鳥）塞入棉花後縫合，安裝上不織布做的鳥喙和玩偶眼睛就完成了。

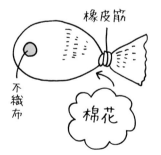

**3** （Ⓑ魚）塞入棉花之後，在尾鰭的位置纏上橡皮筋，安裝上不織布做成的眼睛就完成了。

# 滾滾球 D 的作法

（ 材料 ）羊毛氈、鈴鐺・毛線或玩偶眼睛等

成品尺寸
直徑 3cm
連接後的總長 8.5cm

圖片 57p

**1** 把羊毛氈用肥皂水弄溼。
※弄溼之後體積會縮小。

**2** 放在掌心上搓成球狀。

**3** 調整好形狀之後用水沖洗
2～3次，以毛巾吸乾水
分，充分晾乾。

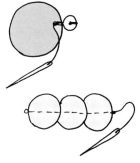

**4** 安裝上鈴鐺、毛線或眼睛加
以裝飾後，把幾個串連起來
就完成了。

# 踢踢抱枕的作法

（成品尺寸）
7×22cm

（材料） 布9×24cm 2片、線繩（2色）各60cm、
棉花、鈕釦2個

圖片 59p

紙型 127p

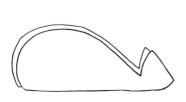

**1** 把2片的布裁剪成
鯨魚的形狀。

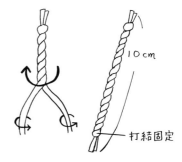

10cm

打結固定

**2** 用棉繩來製作雙股編繩。共
製作3條。

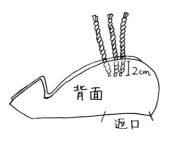

2cm

背面

返口

**3** 把布正面對正面相疊，夾入
編繩之後將周圍縫合（要留
下返口）。

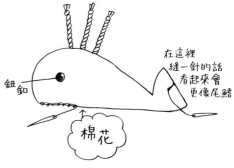

在這裡
縫一針的話
看起來會
更像尾鰭

鈕釦

棉花

**4** 翻回正面，塞入棉花之後縫
合返口，再裝上鈕釦的眼睛
就完成了。

# 紙盒玩具的作法

成品尺寸
三角：32×27×高13cm
四角：28×15×高10cm

（**材料**）各種紙盒（鞋盒等）、有色畫紙、紙膠帶、
　　　　　球（乒乓球等）

圖片 60p

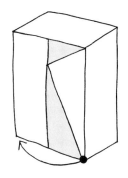

**1** 如圖所示把斜線部分
切掉，將●點對齊邊角，
做成三角形。

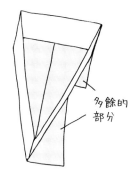

多餘的
部分

**2** 上下翻轉，
把多餘的部分切掉。

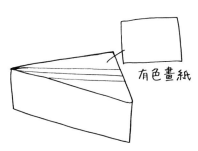

有色畫紙

**3** 上下用膠帶貼住，固定成
三角形的箱子之後，貼上
有色畫紙加以裝飾。

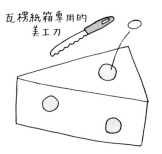

瓦楞紙箱專用的
美工刀

**4** 用美工刀等挖洞，
把球放進箱子裡
就完成了。

※這裡介紹的是三角形玩具箱的作法。
（四方形的作法也大致相同）

# 餐桌的作法

（成品尺寸）
13×33×高13.5cm

---

（**材料**） 托盤（13×33×1.5cm左右）、
作為支撐托盤的底座的托盤（高12cm左右）、
箱子（材質皆可依個人喜好選擇木頭或塑膠等）

圖片 **64p**

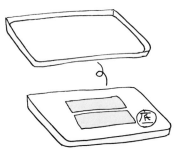

**1** 在作為桌面的托盤的背面黏上魔鬼氈。

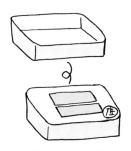

**2** 在作為底座的托盤的背面也黏上魔鬼氈。

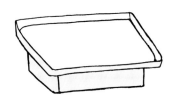

**3** 相互貼合之後就完成了。
（視材質而定，不用魔鬼氈而以接著劑黏合也行。）
※木頭的情況，建議先用砂紙磨過再塗上保護漆（要充分乾燥）。

托盤和底座都是木頭的情況，可用木工接著劑黏合

砂紙

保護漆

用砂紙磨過再塗上保護漆的話，清潔保養起來會更容易

# 點心球的作法

成品尺寸
5×5〜8cm

（**材料**）　玩具的蔬菜或水果等
　　　　　（中空的塑膠材質製品）

圖片 66p

**1** 用美工刀挖出圓洞。

放進去看看，
再調整洞口大小

**2** 放幾粒果乾進去，轉動看看，把洞口調整成會 I 粒 I 粒掉出來的大小。

**3** 用指甲剉刀等把洞口的毛邊磨平後就完成了。

# 貓抓板 A 的作法

成品尺寸
22×48×高8cm

（材料） 磨爪墊、保麗龍（或箱子）、布、
綁書帶（大條一點的橡皮筋）

圖片 68p

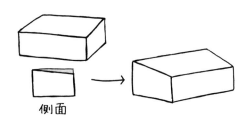

**1** 把保麗龍的上部
切成斜面。

**2** 放在尺寸大到能夠包覆整塊
保麗龍的布上。

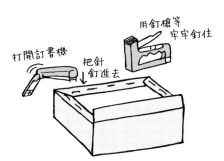

打開訂書機

把針
釘進去

用釘槍等
牢牢釘住

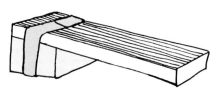

**3** 包好之後，在底部用釘槍等
固定。

**4** 用綁書帶把磨爪墊固定住就
完成了。

# 貓抓板 B 的作法

成品尺寸<br/>50×14×14cm

（ 材料 ） 用過的舊貓抓板（或箱子等也行）、
廚房踏墊34×50cm、粗一點的橡皮筋

圖片 68p

**1** 把舊的貓抓板用廚房踏墊包
起來。

**2** 用粗橡皮筋固定住2處就完
成了。

# 貓抓板 C 的作法

成品尺寸
44.5×32.5cm

（ 材料 ）【地毯】畫框（44.5×32.5cm）、
地毯風拼接地墊（30×30cm）2片
【麻布】畫框（44.5×32.5cm）、麻質的剩布（42×30cm）

圖片 68p

## 【地毯】

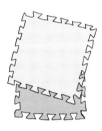

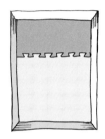

**1** 把2色的地墊
拼接起來，裁切
成畫框的大小。

**2** 用雙面膠帶牢牢地
黏貼在底紙上，
放進畫框裡。

## 【麻布】

接著劑

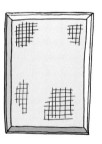

**1** 把麻質的剩布用接著劑
黏在底紙上。

**2** 充分乾燥之後
放進畫框裡就
完成了。

# 貓咪外出包的作法

成品尺寸
30×46cm

（材料） 托特包30×46cm左右、
洗衣網袋33×45cm左右、
塑膠片（厚1mm）33×14cm

圖片 **72p**

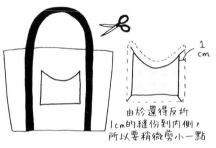

1cm

由於還得反折
1cm的縫份到內側，
所以要稍微剪小一點

**1** 在托特包上剪出
喜愛形狀的窗口。

背面

**2** 把包包翻至背面，
在反折部分的邊緣
車縫固定。

手縫也OK

**3** 放入大小適中的
洗衣網袋，
在兩邊車縫固定。

也可利用
緞帶等裝飾

**4** 裁切厚一點的塑膠片
鋪在底部就完成了。

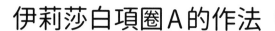

# 伊莉莎白項圈 A 的作法

成品尺寸
直徑 30cm
（攤平的狀態）

（ **材料** ） 不織布（30×30cm）、布（30×30cm）、
魔鬼氈（熨燙接著用）1.5×7.5cm

圖片 **74p**

紙型 **127p**

**1** 把不織布和布依紙型尺寸裁剪，以手藝用接著劑黏合。

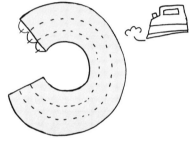

**2** 接著劑乾燥之後用熨斗燙平，將虛線部分縫合。

**3** 把扣合用的附背膠魔鬼氈黏貼上去就完成了。

# 伊莉莎白項圈 B 的作法

成品尺寸
直徑30cm
（攤平的狀態）

（材料） 塑膠片30×30cm、
不織布（附背膠）2色各4×10cm、
魔鬼氈（附背膠）1.5×7.5cm

圖片 **74p**

紙型 **127p**

尖角要
稍微修圓

**1** 把塑膠片依紙型尺寸裁剪。

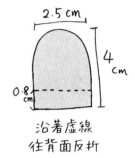

2.5 cm

4 cm

0.8 cm

沿著虛線
往背面反折

**2** 在接觸到脖子的
部分貼上附背膠
不織布。

**3** 把扣合用的
附背膠的魔鬼氈黏貼上去
就完成了。

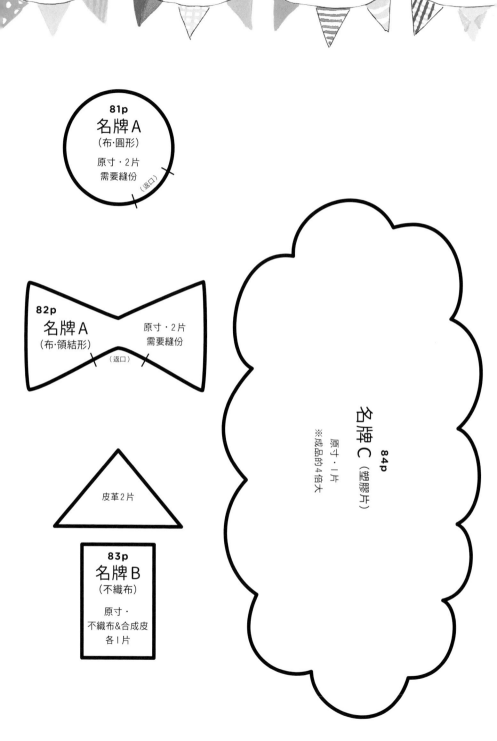

**81p**
名牌 A
（布·圓形）
原寸・2片
需要縫份
（返口）

**82p**
名牌 A
（布·領結形）
原寸・2片
需要縫份
（返口）

皮革 2 片

**83p**
名牌 B
（不織布）
原寸・
不織布&合成皮
各 1 片

**84p**
名牌 C（塑膠片）
原寸・1片
※成品的4倍大

# 紙型的使用方法

＊請分別依照指定的放大比率將紙型影印下來使用。

＊紙型均不含縫份。（需要縫份）的情況，在裁剪時請外加1cm左右的縫份。

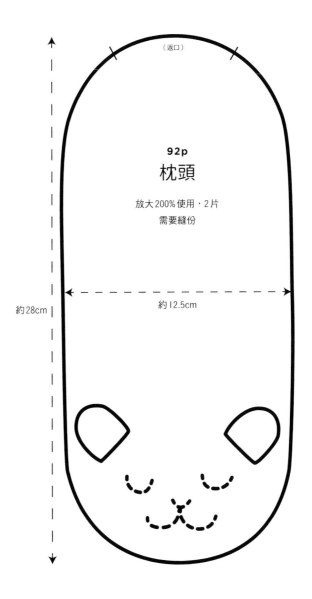

（返口）

**92p**
# 枕頭

放大200% 使用・2片
需要縫份

約28cm

約12.5cm

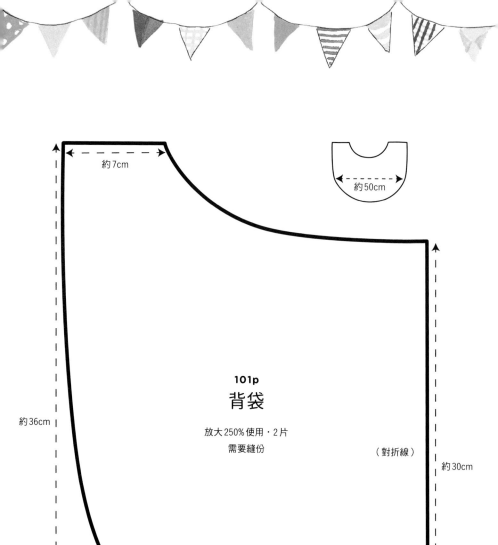

約7cm

約50cm

**101p**

# 背袋

放大250%使用・2片
需要縫份

（對折線）

約36cm

約30cm

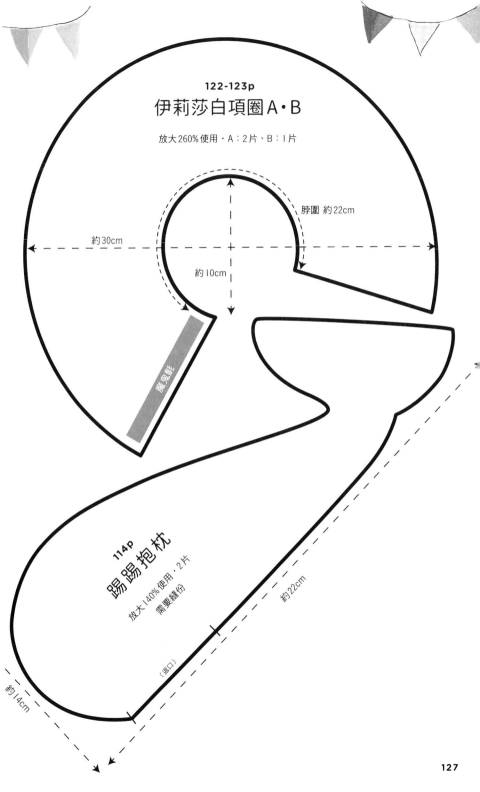

122-123p
伊莉莎白項圈A・B

放大260%使用・A：2片、B：1片

脖圍 約22cm

約30cm

約10cm

魔鬼氈

114p
踢踢抱枕

放大140%使用・2片
需要縫份

約22cm

（返口）

約14cm

**著者 西イズミ**

手藝作家、袖珍書作家。從以貓為主題的袖珍書開始，製作過許多創意十足的貓用品。一起生活的2隻貓是創作泉源。主要著作有《猫との暮らしを楽しむヒント228》、《作ってあげたい猫の首輪》（河出書房新社）等。

**攝影 五十嵐健太**

攝影師。主要著作有《飛啊飛啊～飛天貓》（時報出版）、《一起來玩嘛！喵鷹好朋友FUKU & MARIMO》（台灣東販）、《ねこ禪》（KADOKAWA）、《萌貓》（泰文堂）等。經常舉辦攝影展及與貓相關的活動。

**日文版STAFF**

設　　計　千葉慈子（あんバターオフィス）
責任編輯　佐藤葉子

# 貓奴的手作入門課
## 用簡易材料打造可愛喵物

2018年7月1日初版第一刷發行

著　　者　西イズミ
攝　　影　五十嵐健太
譯　　者　許倩珮
編　　輯　劉皓如
美術編輯　黃盈捷
發 行 人　齋木祥行
發 行 所　台灣東販股份有限公司
　　　　　＜地址＞台北市南京東路4段130號2F-1
　　　　　＜電話＞（02）2577-8878
　　　　　＜傳真＞（02）2577-8896
　　　　　＜網址＞http://www.tohan.com.tw
郵撥帳號　1405049-4
法律顧問　蕭雄淋律師
總 經 銷　聯合發行股份有限公司
　　　　　＜電話＞（02）2917-8022
香港總代理　萬里機構出版有限公司
　　　　　＜電話＞2564-7511
　　　　　＜傳真＞2565-5539

NEKO GA YOROKOBU TEZUKURI GOODS
© IZUMI NISHI　2016
Originally published in Japan in 2016 by
WAVE PUBLISHERS CO., LTD.
Chinese translation rights arranged through
TOHAN CORPORATION, TOKYO.

國家圖書館出版品預行編目資料

貓奴的手作入門課：用簡易材料打造可愛喵物 /
西イズミ著；五十嵐健太攝影；許倩珮譯.
-- 初版. -- 臺北市：臺灣東販, 2018.07
128面；14.8×21公分
譯自：猫がよろこぶ手作りグッズ
ISBN 978-986-475-705-3（平裝）

1.手工藝

426.7　　　　　　　　　　　　　107008544